上海市工程建设规范

民用建筑外窗应用技术标准

Technical standard for application of
civil architectural outside windows

DG/TJ 08—2242—2023
J 13946—2024

主编单位:上海建科检验有限公司
上海市建筑五金门窗行业协会
上海奥为建筑节能科技有限公司
批准部门:上海市住房和城乡建设管理委员会
施行日期:2024 年 6 月 1 日

同济大学出版社

2024　上海

图书在版编目(CIP)数据

民用建筑外窗应用技术标准 / 上海建科检验有限公司，上海市建筑五金门窗行业协会，上海奥为建筑节能科技有限公司主编. —上海：同济大学出版社，2024.5

ISBN 978-7-5765-1100-0

Ⅰ. ①民… Ⅱ. ①上…②上…③上… Ⅲ. ①民用建筑-窗-建筑设计-技术规范-上海 Ⅳ. ①TU24-65

中国国家版本馆 CIP 数据核字(2024)第 058473 号

民用建筑外窗应用技术标准

上海建科检验有限公司
上海市建筑五金门窗行业协会　　**主编**
上海奥为建筑节能科技有限公司

责任编辑　朱　勇
责任校对　徐春莲
封面设计　陈益平

出版发行　同济大学出版社　　www.tongjipress.com.cn
（地址：上海市四平路 1239 号　邮编：200092　电话：021-65985622）
经　　销　全国各地新华书店
印　　刷　浦江求真印务有限公司
开　　本　889mm×1194mm　1/32
印　　张　2
字　　数　50 000
版　　次　2024 年 5 月第 1 版
印　　次　2024 年 5 月第 1 次印刷
书　　号　ISBN 978-7-5765-1100-0
定　　价　25.00 元

上海市住房和城乡建设管理委员会文件

沪建标定〔2023〕706号

上海市住房和城乡建设管理委员会
关于批准《民用建筑外窗应用技术标准》为
上海市工程建设规范的通知

各有关单位：

由上海建科检验有限公司、上海市建筑五金门窗行业协会、上海奥为建筑节能科技有限公司主编的《民用建筑外窗应用技术标准》，经我委审核，现批准为上海市工程建设规范，统一编号为DG/TJ 08—2242—2023，自2024年6月1日起实施。原《民用建筑外窗应用技术规程》DG/TJ 08—2242—2017同时废止。

本标准由上海市住房和城乡建设管理委员会负责管理，上海建科检验有限公司负责解释。

上海市住房和城乡建设管理委员会

2023年12月29日

前　言

根据上海市住房和城乡建设管理委员会《关于印发〈2022 年上海市工程建设规范、建筑标准设计编制计划〉的通知》(沪建标定〔2021〕829 号)要求,本标准由上海建科检验有限公司、上海市建筑五金门窗行业协会、上海奥为建筑节能科技有限公司会同相关单位,在《民用建筑外窗应用技术规程》DG/TJ 08—2242—2017 的基础上修订而成。

本标准的主要内容有:总则;术语;基本规定;材料及性能;设计;施工与安装;检测;验收。

本标准修订的主要技术内容包括:

1. 扩大了标准适用范围。
2. 增加了成品窗、落地窗术语定义。
3. 优化提高建筑外窗性能要求。
4. 增加附框安装及相关要求。
5. 完善外窗产品设计、施工安装、检测和验收等相关内容。

各单位及相关人员在执行本标准过程中,如有意见和建议,请反馈至上海市住房和城乡建设管理委员会(地址:上海市大沽路 100 号;邮编:200003;E-mail:shjsbzgl@163.com),上海建科检验有限公司(地址:上海市申旺路 519 号;邮编:201108;E-mail:xuqin1008@163.com),上海市建筑建材业市场管理总站(地址:上海市小木桥路 683 号;邮编:200032;E-mail:shgcbz@163.com),以供今后修订时参考。

主 编 单 位:上海建科检验有限公司
上海市建筑五金门窗行业协会
上海奥为建筑节能科技有限公司

参 编 单 位:上海市建设工程安全质量监督总站
华东建筑设计研究总院
广东坚朗五金制品股份有限公司
泰诺风保泰(苏州)隔热材料有限公司
上海平安门窗有限公司
上海国仕门窗幕墙有限公司
上海锦澄实业有限公司
正兴建设集团股份有限公司
上海三叶塑钢营造有限公司
上海旭博建筑装饰工程有限公司
上海建筑设计研究院有限公司
上海高昕节能科技有限公司
上海德意达门窗有限公司
浙江研和新材料股份有限公司
上海开捷门窗幕墙工程有限公司
上海中铭建设发展有限公司

参 加 单 位:旭格国际建材(北京)有限公司
上海集韧新材料科技有限公司
上海克络蒂材料科技发展有限公司
恩信格国际贸易(上海)有限公司
山东迪西尼中空百叶玻璃有限公司

主要起草人:徐 勤 钱经纬 朱立成 王荣荣 苏莹莹
唐雅芳 陈 峻 陆家明 龚文福 梁珍贵
王家启 曾 超 吴慈平 徐劲松 闫万福
狄 峡 王金洁 张 海 陈国东 许家友
王红生 张倍良 孙生根 孙德岩 刘 雄
李中皓 卫浩文 李 祥

主要审查人:施伯年 车学娅 曹建民 王 磊 魏文炳
陈贤敏 孙 琦

上海市建筑建材业市场管理总站

目　次

Contents

1 总 则

1.0.1 为保证民用建筑外窗的质量，做到技术先进、经济合理、安全可靠、节能环保，制定本标准。

1.0.2 本标准适用于新建、改建、扩建工程的民用建筑外窗（含阳台门）的设计、施工安装、检测和验收。

1.0.3 民用建筑外窗除应符合本标准外，尚应符合国家、行业和本市现行有关标准的规定。

2 术 语

2.0.1 成品窗 finished windows

通过整体的系统设计，固定选材（型材、五金配件、密封材料、玻璃、附件等），形成相应的技术文件，按照技术文件由工厂标准化生产制作、检测、安装、使用维护，并达到设定性能指标的外窗。

2.0.2 主型材 major profile

组成外窗框、扇杆件系统的基本框架，并装配开启窗或玻璃、辅型材、附件的外窗框、扇梃型材和组合外窗拼樘框型材。

2.0.3 辅型材 supplemental profile

窗框、扇杆件系统中，镶嵌或固定于主型材杆件上，起到传力或某种功能作用的附加型材。

2.0.4 落地窗 combined french windows

安装在一个楼层层高的楼板之间或楼板和屋顶之间土建洞口内，直接坐落在楼（地）面上的建筑外窗。

2.0.5 型材截面主要受力部位 major load-bearing parts of profile section

外窗型材横截面中承受垂直和水平方向荷载作用的腹板、翼缘及固定其他杆件、零配件的连接受力部位。

2.0.6 附框 appendent frame

预埋或预先安装在外窗洞口中，用于固定外窗的杆件系统。

2.0.7 拼樘料 combination transom and mullion

连接两个单体窗框的材料。

3 基本规定

3.0.1 建筑外窗应选用成品窗，成品窗面积不宜超过 3 m^2。对特殊形式或单樘窗面积超过 3 m^2，确需现场拼装的外窗，其材料和安装方式均应与备案时的要求一致。

3.0.2 成品窗应提供其设计、材料、加工制作、检测、安装、验收、使用维护等完整的技术资料。

3.0.3 门窗型材规格的选用应根据洞口跨度尺寸和受力情况合理配置，且不应低于表 3.0.3 的要求。

表 3.0.3 门窗型材配置要求

型材类型 开启方式	铝合金型材	塑料型材	聚氨酯型材	木型材
平开门窗	75 系列及以上	70 系列及以上	70 系列及以上	70 系列及以上
推拉门窗	140 系列及以上	120 系列及以上	120 系列及以上	140 系列及以上

3.0.4 铝合金外窗应采用聚酰胺隔热条或聚氨酯隔热胶，同一根穿条式隔热铝合金型材的隔热条总截面高度不应小于 34 mm，浇注式隔热铝合金型材应采用双注胶组合形式，单个注胶槽截面宽度不应小于 17 mm。当采用新型隔热材料时，应进行专项论证。

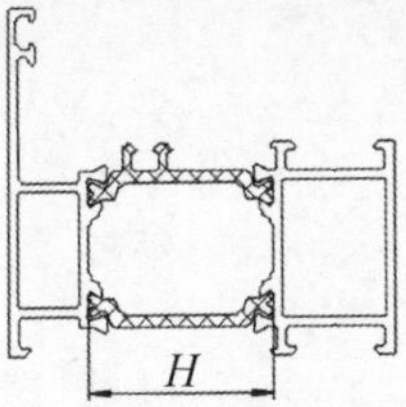

H—聚酰胺隔热条截面高度

图 3.0.4-1 聚酰胺隔热条截面尺寸示意图

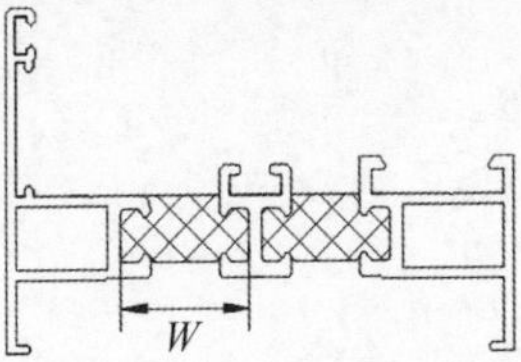

W—聚氨酯隔热胶单个注胶槽截面宽度

图 3.0.4-2 聚氨酯隔热胶截面尺寸示意图

3.0.5 七层及以上民用建筑不应采用外平开窗。六层及以下民用建筑采用外平开窗时，应采取有效的防窗扇脱落措施。外窗开启扇应满足表3.0.5的要求。

表3.0.5 外窗开启扇的要求

开启方式	开启扇重量(kg)	扇宽(mm)	扇高(mm)
外开上悬窗	≤100	≤1 200	≤1 400
外平开窗	≤50	≤600	≤1 200
内平开窗、内平开下悬窗	≤80	≤900	≤1 600

3.0.6 居住建筑的居住空间外窗不宜采用推拉窗。当厨房、卫生间以及楼梯间采用推拉窗时，应有防止从室外侧拆卸的装置和防窗扇脱落措施。超高层建筑严禁使用推拉窗。

3.0.7 建筑外窗安装应采用附框安装工艺。

4 材料及性能

4.1 型 材

4.1.1 铝合金型材的选用应符合下列规定：

1 外窗用铝合金型材的基材应符合现行国家标准《铝合金建筑型材 第1部分：基材》GB/T 5237.1的规定，有装配关系的门窗主型材基材壁厚公称尺寸允许偏差应按超高精级要求控制；外窗主型材主要受力部位基材壁厚公称尺寸不应小于1.8 mm，阳台门主型材和组合窗拼樘杆件主要受力部位基材壁厚公称尺寸不应小于2.2 mm。

2 当铝合金型材为主要受力杆件的铝木复合门窗时，铝合金型材主型材基材壁厚（附件功能槽口处的翅壁壁厚除外）公称尺寸在阳台门中不应小于2.2 mm，在外窗中不应小于1.8 mm；当木型材为主要受力杆件的铝木复合门窗时，铝合金型材基材壁厚公称尺寸不应小于1.4 mm。

3 铝木复合窗的铝合金型材与木材间宜采用卡件连接，连接卡件宜采用尼龙66或ABS等材料，卡件之间安装间距不应大于200 mm。铝型材与木型材复合后应牢固可靠，型材应平整，不应松动或翘曲。

4 铝合金型材表面涂层的质量应符合现行国家标准《铝及铝合金阳极氧化膜与有机聚合物膜 第3部分：有机聚合物涂膜》GB/T 8013.3的规定，其中涂层压痕硬度不应小于80，干、湿、沸水附着性要求应为0级。

5 铝合金型材表面处理层厚度应满足表4.1.1的要求。

表 4.1.1 铝合金型材表面处理层厚度要求

表面处理层	阳极氧化	电泳涂漆	喷粉	喷漆
漆膜类型	阳极氧化＋封孔 阳极氧化＋电解着色＋封孔	有光或消光透明漆膜	聚酯类、聚氨酯类、氟碳类粉末	单色漆、珠光、云母漆、金属漆
膜层性能级别	—	≥Ⅲ级	≥Ⅱ级	—
厚度要求	AA15 级平均膜厚≥15 μm 局部膜厚≥12 μm	膜厚级别 A 级、B 级(阳极氧化膜局部膜厚≥9 μm)	平均膜厚 60 μm～120 μm 局部膜厚≥50 μm	四涂层平均膜厚≥65 μm 局部膜厚≥55 μm 三涂层平均膜厚≥40 μm 局部膜厚≥34 μm 二涂层平均膜厚≥30 μm 局部膜厚≥25 μm

6 隔热铝合金型材在室内外温差 20℃的作用下导致的弯曲变形绝对值不应大于 2.5 mm。

4.1.2 塑料型材的选用应符合下列规定：

1 未增塑聚氯乙烯(PVC-U)型材应符合现行国家标准《门、窗用未增塑聚氯乙烯(PVC-U)型材》GB/T 8814 的规定。

2 型材基材密度不应大于 1 480 kg/m^3。

3 主型材可视面和装饰面在低温落锤冲击试验后，冲击面不应破碎。

4 型材的功能结构尺寸应符合现行行业标准《塑料门窗及型材功能结构尺寸》JG/T 176 的规定。

5 型材的可视面实测壁厚不应小于 2.8 mm。

6 塑料型材主型材断面应具有独立的保温(隔声)腔室、增强型钢腔室及排水腔室。

7 PVC-U 塑料窗增强型钢应符合现行行业标准《聚氯乙烯(PVC)门窗增强型钢》JG/T 131 的规定，增强型钢应满足门窗刚度和强度计算设计要求，且推拉窗框用增强型钢用钢带实测壁厚不应小于 1.5 mm，推拉窗扇、推拉门、平开窗、平开门和拼接型材用增强型钢用钢带实测壁厚不应小于 2.0 mm。框和中挺用增强型钢应采用矩形型钢。扇用增强型钢宜采用与型材内腔相匹配的型钢。

4.1.3 木型材的选材应符合下列规定：

1 木窗的原材料、外观、性能、尺寸偏差、稳定性、有害物质限量、检验等要求应符合现行国家标准《木门窗》GB/T 29498 的规定。

2 实木窗木型材应选用同一树种材料，使用时其木材含水率宜为 15%。

3 木材若选用指接材进行胶合时，指接材应符合现行国家标准《非结构用指接材》GB/T 21140 中耐水性能Ⅰ类及外观质量一等品的规定，可视面拼条长度除端头外应大于 300 mm，宽度方向无拼接，指接缝隙处无明显缺陷。

4 木材若选用集成材，应满足现行行业标准《非结构用集成材》LY/T 1787 的要求，外观质量应符合优等品的规定，厚度方向相邻层的拼接缝应错开 80 mm 以上，指接缝隙处无明显缺陷。

5 木材的翘曲度、平直度应满足横向弦高与横向长度之比小于 0.3%，边缘直度小于 1.0 mm/m 的要求。

6 木材密度：针叶树材气干密度不应小于 350 kg/m^3，阔叶树材气干密度不应小于 450 kg/m^3。

4.1.4 铝塑共挤型材应符合下列规定：

1 铝塑共挤型材应符合现行行业标准《建筑门窗用铝塑共挤型材》JG/T 437 的规定。

2 铝塑共挤型材应符合现行国家标准《建筑用节能门窗 第 2 部分：铝塑复合门窗》GB/T 29734.2 以及现行行业标准《铝塑共挤门窗》JG/T 543 的规定。

4.1.5 玻纤增强聚氨酯拉挤型材应符合下列规定：

1 玻纤增强聚氨酯拉挤型材应符合现行行业标准《玻纤增强聚氨酯节能门窗》JG/T 571 的规定。涂装型材涂层应覆盖型材所有可视面，且附着力应符合现行国家标准《色漆和清漆　涂层老化的评级方法》GB/T 1766 规定的 0 级。

2　涂装型材的涂层铅笔硬度不应低于现行国家标准《色漆和清漆　铅笔法测定漆膜硬度》GB/T 6739 规定的 2H 级。

3　型材可视面壁厚不应小于 2.7 mm，型材可视面悬臂壁厚不应小于 3.5 mm，非可视面壁厚不应小于 2.2 mm。

4　主型材应采用二腔体及以上腔体结构。

4.1.6　钢质型材或板材的选材应符合下列规定：

1　碳素结构钢冷轧钢带制作的型材材质应符合现行国家标准《碳素结构钢冷轧钢带》GB 716 的规定。

2　镀锌钢带制作的型材材质应符合现行国家标准《连续热镀锌钢板及钢带》GB/T 2518 的规定。

3　钢窗用型材应符合现行国家标准《钢门窗》GB/T 20909 的规定。

4.2　玻　璃

4.2.1　外窗用玻璃的设计及应用应符合现行行业标准《建筑玻璃应用技术规程》JGJ 113 的规定。

4.2.2　外窗应采用中空玻璃及其制品，根据热工性能要求采用单层或多层中空玻璃，其中单片玻璃的厚度不应小于 5 mm。

4.2.3　玻璃应进行机械磨边处理，倒棱宽度不宜小于 1 mm，磨轮的目数不应小于 180 目，宜采用三边细磨。有装饰要求的玻璃边，宜采用精磨边。

4.2.4　采用夹层玻璃时，夹层玻璃内外片的单片玻璃厚度相差不宜大于 3 mm。夹层玻璃宜采用干法加工合成，其夹片宜采用聚乙烯醇缩丁醛（PVB）胶片或离子性中间层胶片；外露的 PVB 夹层玻璃边缘应进行封边处理。

4.2.5　中空玻璃除应符合现行国家标准《中空玻璃》GB/T 11944 的

规定外，尚应符合下列规定：

1 单中空层中空玻璃的气体层厚度不应小于 12 mm，多中空层中空玻璃的气体层厚度不应小于 9 mm，玻璃的厚度差不宜大于 2 mm。

2 中空玻璃宜采用暖边间隔条，不应使用热熔型间隔胶条和 PVC 暖边间隔条。中空玻璃间隔条转角处宜采用连续折弯，充惰性气体的中空玻璃还应对间隔条接缝处做密封处理。

3 中空玻璃密封应采用双道密封，第一道密封应采用热熔型丁基密封胶，第二道密封应采用聚硫类或硅酮类中空玻璃密封胶。当玻璃的密封材料有结构传力要求时，应采用硅酮结构密封胶。

4 中空玻璃所用干燥剂应符合现行行业标准《中空玻璃用干燥剂》JC/T 2072 的规定，所用丁基胶应符合现行行业标准《中空玻璃用丁基热熔密封胶》JC/T 914 的规定，所用硅酮胶应符合现行国家标准《中空玻璃用弹性密封胶》GB/T 29755 的规定。

5 中空玻璃间隔条中应使用 3A 分子筛，不应使用氯化钙、氧化钙类干燥剂；不应使用 4A 分子筛。

6 离线低辐射镀膜中空玻璃在合片前应进行涂胶部位的除膜处理。

4.2.6 真空玻璃除应符合现行国家标准《真空玻璃》GB/T 38586 的规定外，尚应符合下列规定：

1 真空玻璃的单片应采用钢化玻璃。

2 真空玻璃最大许用面积应符合现行行业标准《建筑玻璃应用技术规程》JGJ 113 的规定。

3 真空玻璃复合中空玻璃使用时应符合现行国家标准《中空玻璃》GB/T 11944 的规定，真空玻璃应位于室内侧，间隔条宜采用暖边间隔条。

4.3 五金配件及紧固件

4.3.1 五金配件应满足外窗功能要求和耐久性要求，并应符合现行国家标准《建筑门窗五金件　通用要求》GB/T 32223 的规定。

4.3.2 除采用不锈钢材料外，制作五金配件的各种金属材料根据使用要求应选用热浸镀锌、电镀锌、电镀铬、阳极氧化、防腐涂料等有效防腐处理。内开窗五金系统宜选用可三维调节的产品。

4.3.3 配套用紧固件应符合现行国家标准《紧固件　螺栓和螺钉通孔》GB/T 5277、《紧固件机械性能》GB/T 3098 的规定。外窗室外侧应选用牌号为 A4-70 的紧固件，室内侧宜选用牌号为 A2-70 的紧固件。

4.3.4 防脱器用钢丝绳的材质不应低于 06Cr19Ni10，所用钢丝绳的具体规格应通过计算分析确定。

4.4 密封材料

4.4.1 密封胶条应符合现行国家标准《建筑门窗、幕墙用密封胶条》GB/T 24498 的规定，密封胶条宜使用硫化橡胶类材料或热塑性弹性体类材料。密封胶条应与密封胶相容。密封胶条转角处宜采用整体式胶条或采用粘结转角件的连接方式。

4.4.2 外窗用密封胶应符合现行国家标准《硅酮和改性硅酮建筑密封胶》GB/T 14683、《建筑用硅酮结构密封胶》GB/T 16776 和现行行业标准《聚硫建筑密封胶》JC/T 483、《建筑窗用弹性密封胶》JC/T 485 等的规定，密封胶宜采用醇型密封胶，并应在产品保质期内使用。

4.4.3 外窗用密封毛条应采用夹片硅化毛条，并应符合现行行业标准《建筑门窗密封毛条》JC/T 635 中优等品的规定。

4.4.4 防水透气膜应符合现行行业标准《透汽防水垫层》JC/T 2291 的规定，室外侧应采用防水透汽膜，室内侧应采用防水隔汽膜。防水透汽膜非粘贴面应与保温砂浆有相容性。

4.4.5 聚氨酯泡沫填缝剂应符合现行行业标准《单组分聚氨酯泡沫填缝剂》JC 936 的规定。

4.5 其他材料

4.5.1 外窗附框应符合现行国家标准《建筑门窗附框技术要求》GB/T 39866 中节能型附框的规定。附框型材的握螺钉力不应小于 3 000 N，附框连接角破坏力不应小于 800 N。

4.5.2 建筑外窗用组角胶应符合现行行业标准《建筑门窗用组角结构密封胶》JC/T 2560 的规定。

4.5.3 外窗用玻璃垫块应采用模压成型或挤出成型的硬橡胶或塑料，宜为邵氏硬度 80～90 的 A 类橡胶或 PVC，不应采用硫化再生橡胶或其他吸水性材料。定位块和弹性止动片宜采用有弹性的非吸附性材料制成。

4.5.4 穿条式隔热铝合金型材的隔热条应符合现行国家标准《铝合金建筑型材用隔热材料　第 1 部分：聚酰胺型材》GB/T 23615.1、现行行业标准《建筑用硬质塑料隔热条》JG/T 174 的规定。聚酰胺隔热条中主要材料应为聚酰胺 66 新料和玻璃纤维，不应使用聚酰胺 6、PVC、ABS 等材料和有碱玻璃纤维，不应使用回收料。聚酰胺隔热条的 DSC 熔融峰不应小于 255℃。

4.5.5 浇注式隔热铝合金型材的隔热胶应符合现行国家标准《铝合金建筑型材用隔热材料　第 2 部分：聚氨酯隔热胶》GB/T 23615.2 的规定。

4.5.6 铝合金建筑喷粉型材的膜层应符合现行国家标准《铝合金建筑型材　第 4 部分：喷粉型材》GB/T 5237.4 中加速耐候性Ⅱ级的规定。

4.6 性能要求

4.6.1 外窗及阳台门的气密性能、水密性能、抗风压性能、传热系数及空气声隔声性能不应低于表 4.6.1 的要求。

表 4.6.1 外窗及阳台门性能要求

项目＼产品	外窗	阳台门
气密性能	7 级	6 级
水密性能	3 级	2 级
抗风压性能	4 级(七层及以上) 3 级(六层及以下)	4 级(七层及以上) 3 级(六层及以下)
传热系数	≤1.6 $W/(m^2 \cdot K)$	≤1.8 $W/(m^2 \cdot K)$
空气声隔声性能	3 级(4 级)[a]	3 级(4 级)[a]

注:1 表中外窗及阳台门的性能分级应符合现行国家标准《建筑幕墙、门窗通用技术条件》GB/T 31433 的规定。

2[a] 括号内数据适用于交通干线两侧卧室的外窗及阳台门。

3 阳台门的传热系数应符合设计要求。

4.6.2 外窗及阳台门启闭力应符合现行国家标准《建筑幕墙、门窗通用技术条件》GB/T 31433 中启闭力 3 级的规定,且反复启闭耐久性能应满足表 4.6.2 的要求。

表 4.6.2 门窗反复启闭耐久性能要求

开启类别	推拉平移类 平开旋转类		内平开下悬窗
	门	窗	
反复启闭耐久性能	≥10 万次	≥1 万次	≥1.5 万次内平开下悬启闭及 1 万次 90°平开启闭

5 设 计

5.1 一般规定

5.1.1 外窗性能指标及有关设计应根据上海市的气候、环境、建筑自身特点、使用情况等具体要求合理确定，并应符合现行国家标准《工程结构通用规范》GB 55001、《建筑与市政工程抗震通用规范》GB 55002、《建筑结构荷载规范》GB 50009、《建筑防火通用规范》GB 55037、《建筑与市政工程防水通用规范》GB 55030、《建筑节能与可再生能源利用通用规范》GB 55015 以及《民用建筑隔声设计规范》GB 50118 等相关标准的规定。

5.1.2 外窗设计应基于建筑设计文件提出的外窗形式、立面分格、性能指标等技术要求，对整个系列中典型窗型的保温性能进行计算分析。对于超大规格的外窗，应进行力学性能分析计算，并对外窗系统构造进行深化设计。

5.1.3 外窗设计应有文字说明和设计图纸，应明确下列内容：

1 外窗开启方式、框料颜色、型材材质和系列。

2 玻璃配置、性能参数和颜色。

3 物理性能：气密性能、水密性能、抗风压性能、传热系数和空气声隔声性能。

4 外窗遮阳系数（如设置活动外遮阳设施，还应增加综合遮阳系数）。

5 与主体结构的连接方式及外窗四周的防水、密封、保温做法。

6 当有防坠落设计要求时，应有防坠落措施。

5.1.4 外窗固定扇的单块玻璃使用面积不宜大于 4.5 m^2。当落地窗面积大于 9 m^2 时，应进行专项验证。确需现场拼装的外窗，宜采用经过计算或试验的拼樘料设计。

5.1.5 带形窗或转角窗应设置拼樘料。

5.1.6 外窗设计宜采用 300 mm 为洞口系列尺寸的基本模数。窗洞口及构造尺寸应与现行国家标准《建筑门窗洞口尺寸系列》GB/T 5824 或《建筑门窗洞口尺寸协调要求》GB/T 30591 规定的常用尺寸相协调。在砌体建筑中，外窗洞口尺寸宜与砌块组合的尺寸相协调。

5.1.7 装配式建筑的预制外墙上的窗洞口应预埋附框。

5.2 外窗结构设计

5.2.1 外窗深化设计应进行风荷载、重力荷载、地震作用及温度作用效应等结构计算，外窗应具备足够的刚度、承载能力和变位能力。

5.2.2 外窗结构计算中的结构作用和作用组合应符合现行国家标准《工程结构通用规范》GB 55001 和《建筑结构荷载规范》GB 50009 的规定。

5.2.3 建筑外窗主要受力杆件在荷载标准组合作用下的挠度容许值，应根据外窗材质、玻璃面板配置情况等综合计算。在自重标准值作用下，中挺型材挠度不应超过杆件跨度的 1/500，且不应超过 3 mm，并满足玻璃的正常镶嵌和使用要求。常见受弯构件的挠度容许值见表 5.2.3。

表 5.2.3 受弯构件的挠度容许值

构件类型	玻璃配置	挠度容许值
钢、铝外窗	单片、夹层	$l/100$
	中空	$l/150$

续表5.2.3

构件类型	玻璃配置	挠度容许值
塑料外窗(含聚氨酯外窗)	单片	$l/120$
	夹层、中空	$l/180$
木外窗	单片、夹层、中空	$l/250$

注:l 为构件跨距。

5.2.4 外窗五金配件的选用应满足气密性、水密性、抗风压等性能的要求,并应符合五金配件产品的相关技术标准;当没有相关技术标准时,应通过计算、试验的方法确定。

5.2.5 固定五金配件和连接件的螺栓、螺钉直径、数量及螺栓的中心距、边距,应满足构件承载能力的需要。螺钉直接通过型材孔壁螺纹受力连接时,应验算螺纹承载力,必要时应采取加强措施。

5.2.6 启闭频繁或设计工作年限要求高的外窗,可根据实际需要,提高反复启闭次数设计要求。

5.3 外窗产品构造设计

5.3.1 外窗产品构造设计应遵循安全、实用和美观的基本原则,并应便于制作、安装、维护和更换。

5.3.2 外窗宜采用玻璃在室内侧安装的构造。

5.3.3 附框设计应与主体结构设计相适应,满足力学、热工、耐久性等的要求。对于有耐火完整性要求的外窗,其附框构造应考虑相应防火设计要求。

5.3.4 附框与结构之间应可靠连接,并进行有效的保温及防水处理。附框与窗框连接时,应采用机械连接方式,通过计算或试验确定其承载力,并保证其牢固可靠。

5.3.5 附框型材宜采用坚固稳定且具备低热导性的型材,附框宜为双腔、多腔结构或有结构墙体填充的C型铝型材结构。附框型材腔体内应根据外框型材固定点设置金属闭合衬材，钢质衬材壁厚（单层）不应小于1.5 mm，铝制衬材壁厚（单层）不应小于2.0 mm。C型附框铝型材高度不应小于30 mm，宽度不应小于50 mm。C端弯钩宽度不应小于5 mm，壁厚不应小于2.0 mm，握螺钉处厚度不应小于3.5 mm。

5.3.6 非金属附框型材腔体内应根据外框型材固定点设置金属闭合衬材，钢质衬材壁厚不应小于2.0 mm，铝制衬材壁厚不应小于3.0 mm且握螺钉处衬材壁厚不应小于3.5 mm。

5.3.7 当采用内置遮阳中空玻璃制品时，应符合现行行业标准《内置遮阳中空玻璃制品》JG/T 255的规定。内置遮阳中空玻璃制品的中空腔内装有传动机构的间隔框应采用具有耐候性的非金属隔热材料的复合型构造，并应采用三边框形式。暖边间隔框的暖边温差导热值不应大于0.007 W/K。当内置遮阳中空玻璃采用三玻两腔构造时，遮阳帘应设置于室外侧空腔。

5.3.8 外窗应采用防止从室外拆卸的设计，外平开窗、上悬窗和下悬窗应设置限位装置。有防非正常开启要求的外窗应采用夹层玻璃和有防盗功能的窗锁具。阳台门宜考虑防倾倒措施。

5.3.9 外窗玻璃镶嵌构造尺寸、玻璃垫块的种类、数量及安装位置应符合现行行业标准《建筑玻璃应用技术规程》JGJ 113的规定。玻璃垫块长度不宜小于50 mm，厚度不宜小于5 mm，垫块不应阻塞排水通道。

5.3.10 平开窗防水应采用等压原理进行设计，并符合下列规定：

1 在窗型材上应在下框、横中挺和扇下挺设置相应数量的排水孔和等压孔。排水孔的位置、尺寸、数量等应满足排水的要求。

2 玻璃的镶嵌，宜使用干法密封。

3 胶条在转角连接处宜使用定型胶条。

4 塑料窗框、扇的排水通道，不应与设置加强型钢的腔体连通。

5.3.11 外墙内外装修饰面不应妨碍外窗的正常开启，不应堵塞外窗排水孔。

5.3.12 五金配件、密封胶条等应设计便于更换的构造。外平开窗应使用滑撑。外平开窗用滑撑的长度宜为窗宽的1/2～2/3，满足窗扇承载能力的要求。五金配件安装的工艺孔位不应设置在隔热材料上。新型材料的安装孔位如需设置在隔热材料上，应提供相应的强度计算书。

5.3.13 铝合金型材与其他材料的五金配件或连接件接触应采用防止异质金属电化腐蚀的措施。

5.3.14 开启部位应采用多点锁，其锁点的数量除了应满足风荷载的要求外，尚应考虑气密性及水密性的要求；在尺寸较大时适当增加密封锁点，锁点应均匀分布。

5.3.15 塑料窗的内衬加强型钢应贯通，五金配件应固定在内衬加强型钢上，或在其连接处提供局部增强措施。

5.3.16 聚氨酯门窗的五金配件应安装牢固，衬板材料应使用除铝合金之外的其他金属材料，衬板厚度不应小于3 mm，衬板宽度应与型材内腔宽度一致，衬板长度应比五金配件的固定螺钉间距大30 mm，聚氨酯型材宜采用U槽的安装方式。

5.3.17 外窗组装机械连接应采用不锈钢紧固件，不应采用铝及铝合金抽芯铆钉作为外窗传力连接用紧固件。外窗组角用角码应采用牌号为6063-T6的铝合金。

5.3.18 外窗可开启部位配置隐形纱窗及配件应采用一体化设计，其机械性能和抗风压性能应满足设计要求。

6 施工与安装

6.1 一般规定

6.1.1 外窗安装施工宜在室内侧或洞口内侧进行，洞口尺寸偏差应满足表6.1.1的要求，不符合要求的洞口应修整合格后再进行外窗的施工。

表6.1.1 外窗洞口构造尺寸及相邻洞口的位置允许偏差

项目		尺寸范围(mm)	允许偏差(mm)
宽度、高度		≤2 000	±10
		>2 000，且≤3 500	±15
		>3 500	±20
宽度、高度对边尺寸差		≤2 000	≤5
		>2 000，且≤3 500	≤10
		>3 500	≤15
对角线尺寸差		≤2 500	≤10
		>2 500	≤15
垂直方向洞口位置允许偏差	相邻洞口	—	≤10
	全楼洞口	全楼高度<30 m	≤15
		全楼高度≥30 m	≤20
水平方向洞口位置允许偏差	相邻洞口	—	≤10
	全楼洞口	全楼高度<30 m	≤15
		全楼高度≥30 m	≤20

6.1.2 面积小于等于3 m^2 的成品窗应在现场进行整窗安装，对于面积大于3 m^2 的外窗，可在现场按照带形窗的方式进行拼樘

安装。外窗工程应采用预留洞口的方法施工，不应采用边安装边砌口或先安装后砌口的施工方法。

6.1.3 拼樘料应符合下列规定：

1 组合窗及转角窗的拼樘料应经过计算或试验验证，拼樘料应与洞口进行可靠连接或确保拼樘后整窗的整体性再进行安装。

2 拼樘料上、下端与洞口的连接应牢固，连接部位抗剪强度应满足设计要求。拼樘料截面主要受力部位基材最小实测壁厚应根据计算确定，铝合金拼樘料最小实测壁厚不应小于 2.5 mm，塑料拼樘料用增强型钢最小实测壁厚不应小于 2.0 mm。

3 拼樘料与窗框应采用卡扣连接，卡紧后应用紧固件拧紧，其间距不应大于 500 mm，距离端部不应大于 150 mm，紧固件端头及拼樘料与窗框间的缝隙应进行密封处理。

6.1.4 装配式建筑预制外墙的外窗宜在工厂预装，附框与混凝土构件或轻钢构件、木制构件等应可靠连接。整窗安装可在工程现场完成，安装前应复核附框内口尺寸偏差。

6.2 安装和控制要求

6.2.1 附框安装后的尺寸应符合表 6.2.1 的要求。

表 6.2.1 附框安装后尺寸允许偏差

项目	尺寸范围(mm)	允许偏差(mm)
附框宽度、高度构造尺寸	≤2 000	±1.5
	>2 000，且≤3 500	±2.0
	>3 500	±2.5
附框宽度、高度构造尺寸对边尺寸差	≤2 000	≤2.0
	>2 000，且≤3 500	≤2.5
	>3 500	≤3.0

续表6.2.1

项目	尺寸范围(mm)	允许偏差(mm)
对角线尺寸差	≤2 500	≤2.5
	>2 500	≤3.5

6.2.2 后置式附框安装应符合下列规定：

1 附框安装宜在室内粉刷或室外粉刷、找平、刮糙等湿作业完工前进行。

2 附框安装前，应复核洞口尺寸和附框尺寸，非混凝土墙体时应确认预埋混凝土砌块的位置。

3 用木楔将附框四边临时固定，应调整垂直度、水平度、进出位，并符合表6.2.1的尺寸偏差要求。

4 附框与洞口墙体应设置可靠的机械连接点，每边端部连接点距附框角部不应大于150 mm，两相邻中间连接点间隔不应大于500 mm。

5 连接件与附框固定用螺钉公称直径不宜小于4 mm，连接件与墙体固定形式依据墙体类型合理选用射钉或膨胀螺栓；当附框与墙体采用膨胀螺栓固定时，螺栓公称直径不宜小于8 mm。

6 附框可采用固定片、膨胀螺栓、焊接等方式与洞口墙体连接固定，如图6.2.2所示；轻质砌体墙洞口，严禁使用射钉固定附框。

7 附框与洞口墙体的缝隙单侧应为10 mm～20 mm。缝隙的填塞应采用防水、无腐蚀性的材料，附框下口宜采用防水砂浆填塞或其他可靠防水材料结构，填塞应饱满、无空鼓、无明显裂缝。

8 附框安装完成后，洞口周边应进行防水处理。

6.2.3 窗框与附框的连接宜采用卡槽连接。

6.2.4 附框与窗框之间的缝隙大小应为5 mm～15 mm。附框与窗框之间应设置支承垫块和定位垫块。支承垫块应均匀分布

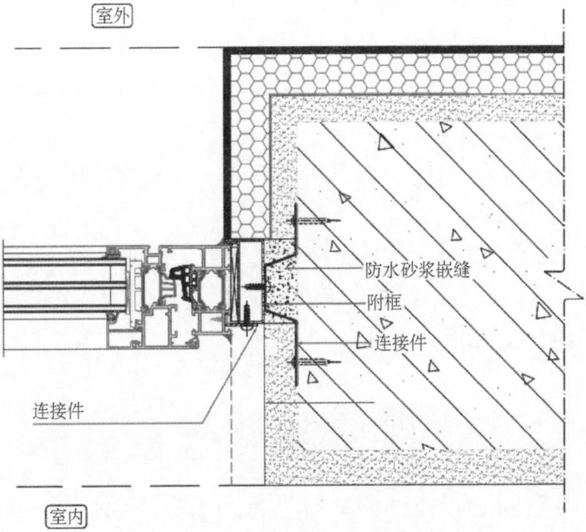

图 6.2.2　后置式附框安装节点图

在框型材下面且不得堵塞泄水孔。

6.2.5　窗框与附框的安装缝隙宜采用聚氨酯泡沫填缝剂填塞饱满，溢出框外的填缝剂应在结膜前清理干净并保持外膜完整。

6.2.6　窗框室外侧四周应采用密封胶做防水处理，胶缝的宽度不宜小于厚度的 2 倍。开设贯通型安装孔的窗下框应采取有效的防水密封构造。室外的装饰装修不应堵塞外窗的排水通道。

6.2.7　外窗安装后允许偏差应符合现行国家标准《建筑装饰装修工程质量验收标准》GB 50210 的规定。

6.2.8　外窗安装完成后应对五金配件进行检查和调试，项目如下：

1　承重五金配件、锁座等安装牢固。

2　开启扇启闭灵活、无卡滞、无异响。

3　开启限位装置安装正确。

4　开启角度、方向和最大开启距离满足设计要求。

5 锁点与锁块有效搭接。

6.2.9 外窗应在安装完成后进行淋水试验，淋水试验方法应符合现行行业标准《建筑门窗工程检测技术规程》JGJ/T 205 的规定。

6.2.10 施工过程中，应采取有效措施，避免杂物进入五金配件内部，影响其性能。

6.2.11 施工过程中，严禁在外窗上安装脚手架、悬挂重物，严禁蹬踩外框。作为施工通道的位置应采取有效保护措施，不应擦碰外窗，以防止变形损坏。

6.3 清理和成品保护

6.3.1 外窗的所有外露型材应进行贴膜保护，宜采用可降解的塑料薄膜。外窗执手安装完毕后应使用泡沫薄膜缠绕覆盖保护。施工过程中，应及时对外窗进行清洁和保护。

6.3.2 外窗工程竣工验收前，应去除所有成品保护，全面清洁。检查排水孔是否堵塞，检查开启部位是否有杂物。不应使用有腐蚀性的清洁剂，不应使用尖锐工具刨刮型材、玻璃等表面。

6.4 施工安全

6.4.1 进入施工现场的产品、辅料等应堆放整齐、平稳，并采取防火等安全措施。

6.4.2 施工人员应配备安全帽、安全带、工具袋。

6.4.3 在高层外窗与上部结构施工交叉作业时，结构施工层下方应架设防护网，在离地面 3 m 高处，应搭设挑出 6 m 的水平安全网。

6.4.4 高空作业必须遵守现行行业标准《建筑施工高处作业安全技术规范》JGJ 80 的有关规定。在洞口或有坠落危险处施工时，应佩戴安全带。

6.4.5 安装外窗玻璃或擦拭玻璃时，严禁使窗框、窗扇和滑撑受力，操作时应系好安全带，严禁把安全带系在外窗框或扇上。

6.4.6 劳动保护、防火、防毒等施工安全技术应按相关规范执行。

6.4.7 施工人员进入现场作业及施工机具的使用应按相关规范执行。

6.4.8 玻璃搬运与安装应符合下列规定：

1 搬运与安装前应确认玻璃无裂纹或暗裂。

2 搬运与安装时应戴手套、穿长袖衫，且玻璃应保持竖向，以防玻璃锐边割手或玻璃断裂伤人；高处安装玻璃时，应稳妥安放，其垂直下方不得有人。

3 风力五级以上或楼内风力较大部位，不应进行玻璃搬运与安装。

4 采用吸盘搬运和安装玻璃时，应仔细检查，确认吸盘安全可靠、吸附牢固后方可使用。

7 检 测

7.1 一般规定

7.1.1 外窗的性能检测结果应满足设计要求。

7.1.2 外窗工程的检测样品应在监理(建设)单位见证人见证下从施工现场抽样选取有代表性的样品,送有资质的检测机构进行检测。

7.2 进场复验

7.2.1 外窗(含阳台门)应进行气密、水密、抗风压、空气声隔声性能和传热系数检测。

7.2.2 外窗的气密、水密、抗风压性能应按现行国家标准《建筑外门窗气密、水密、抗风压性能检测方法》GB/T 7106 进行检测。

7.2.3 外窗的传热系数应按现行国家标准《建筑外门窗保温性能分级及检测方法》GB/T 8484 进行检测。

7.2.4 外窗的空气声隔声性能应按现行国家标准《建筑门窗空气声隔声性能分级及检测方法》GB/T 8485 进行检测。

7.3 现场检测

7.3.1 外窗工程施工完成后应进行气密性能和水密性能现场实体检测,当有需求时可进行抗风压性能和空气声隔声性能的现场实体检测。

7.3.2 外窗气密性能、水密性能、抗风压性能现场检测时,应符合现行行业标准《建筑外窗气密、水密、抗风压性能现场检测方法》JG/T 211 的相关规定。

7.3.3 外窗空气声隔声性能现场检测时，应符合现行国家标准《声学建筑和建筑构件隔声测量 第5部分：外墙构件和外墙空气声隔声的现场测量》GB/T 19889.5 的相关规定。

7.4 其他检测

7.4.1 外窗的反复启闭耐久性能应按现行国家标准《门窗反复启闭耐久性试验方法》GB/T 29739 进行检测。

7.4.2 外窗的启闭力、耐垂直荷载性能、开启限位、撑挡试验等应按现行国家标准《建筑门窗力学性能检测方法》GB/T 9158 进行检测。

7.4.3 外窗的防坠落性能应按本标准附录A进行检测。

7.4.4 外窗的遮阳性能应按现行国家标准《建筑玻璃 可见光透射比、太阳光直接透射比、太阳能总透射比、紫外线透射比及有关窗玻璃参数的测定》GB/T 2680 及现行行业标准《建筑门窗玻璃幕墙热工计算规程》JGJ/T 151 进行检测和计算。

8 验 收

8.1 一般规定

8.1.1 外窗工程应符合现行国家标准《建筑工程施工质量验收统一标准》GB 50300、《建筑装饰装修工程质量验收标准》GB 50210、《建筑与市政工程施工质量控制通用规范》GB 55032 及《建筑节能工程施工质量验收标准》GB 50411 的有关规定。

8.1.2 外窗工程验收应检查下列文件和记录：

1 外窗工程的合同、设计说明、施工图、抗风压性能计算书、外窗热工性能计算书及其会审记录和设计变更资料等。

2 外窗使用维护说明书。

3 外窗的气密性能、水密性能、抗风压性能、空气声隔声性能、传热系数的复验报告。

4 外窗用主要材料的质量证明文件、进场验收记录和复验报告等。

5 外窗出厂产品质量合格证书和进场验收记录。

6 外窗产品质量保证书。

7 外窗安装施工检查记录。

8 隐蔽工程验收记录。

9 外窗淋水试验记录。

10 外窗现场气密性能和水密性能检测报告。

8.1.3 外窗工程应对下列隐蔽工程项目进行验收，隐蔽部位验收应在隐蔽前进行，并应有详细的文字记录和必要的图像资料：

1 预埋件和锚固件。

2 隐蔽部位的防腐和填嵌处理。

3 高层金属窗防雷连接点。

8.1.4 建筑外窗分项工程的检验批划分、检查数量和合格判定应符合现行国家标准《建筑装饰装修工程质量验收标准》GB 50210、《建筑节能工程施工质量验收标准》GB 50411 以及现行上海市工程建设规范《建筑节能工程施工质量验收规程》DGJ 08—113 的规定。

8.2 主控项目

8.2.1 外窗及使用的材料、构件进场时，应核查质量证明文件、外窗热工性能计算书、抗风压性能计算书、复验报告。

检验方法：核查质量证明文件，质量证明文件通常包括出厂合格证、中文说明书、型式检验报告及相关性能检测报告。

检查数量：质量证明文件、复验报告和计算报告等全数核查。

8.2.2 外窗（包括阳台门）气密性能、水密性能、抗风压性能、传热系数、空气声隔声性能、中空玻璃露点（密封性能）、中空玻璃遮阳系数以及中空玻璃可见光透射比应满足设计要求。复验应为见证取样送检。

检验方法：检查相关质量证明文件，随机抽样送检；核查复验报告。

检查数量：同一厂家的同一类型、同一品种、同一系列产品现场各抽查不少于 3 樘，取样送检数按表 8.2.2 选取。

表 8.2.2 现场取样送检数

项目	数量	说明
气密性能、水密性能、抗风压性能	3 樘	—
传热系数	1 樘	—
空气声隔声性能	3 樘	—
中空玻璃遮阳系数	按玻璃规定	普通白玻璃可不做

续表8.2.2

项目	数量	说明
中空玻璃可见光透射比	按玻璃规定	普通白玻璃可不做
中空玻璃露点	3樘	—

注:1 数量不必叠加。
2 对同一施工区域内建筑,同一厂家的同一类型、同一品种、同一系列的外窗,送检数量可按表8.2.2选取。

8.2.3 建筑围护结构施工工程完成后,应对外窗的气密性能和水密性能进行实体现场检测,检验结果应满足设计要求。

检验方法:随机现场抽样。

检查数量:同一厂家同一品种、类型的产品各抽查不少于3樘。实体检验的样本应在施工现场由监理单位和施工单位随机抽取,且应分布均匀、具有代表性,不应预先确定检验位置。

8.2.4 外窗框与附框的安装必须牢固。预埋件的数量、埋设方式、与框的连接方式应满足设计要求。

检验方法:手扳检查,检查隐蔽工程验收记录。

检查数量:按检验批最小抽样数量。

8.2.5 外窗扇的安装必须牢固,并应开启灵活、关闭严密。推拉外窗必须有防脱落措施。

检验方法:观察,启闭试验检查,手扳检查。

检查数量:按检验批最小抽样数量。

8.2.6 外窗上的五金配件的型号、规格、数量应满足设计要求。五金配件的安装必须牢固,应位置正确、便于操作,功能应满足使用要求。

检验方法:观察,启闭试验检查,手扳检查。

检查数量:按检验批最小抽样数量。

8.3 一般项目

8.3.1 外窗外观表面应洁净,无明显色差、划痕、擦伤及碰伤。

检验方法：观察。

检查数量：全数检查。

8.3.2 外窗扇的密封条和玻璃镶嵌的密封条的性能应符合国家相关标准的规定。密封条安装位置应正确，镶嵌应牢固，不应脱槽，接头处不应开裂。外窗关闭时，密封条应接触严密。

检验方法：观察。

检查数量：全数检查。

8.3.3 窗框与附框、附框与墙体之间的安装缝隙应填塞饱满，填塞材料和方法应满足设计要求。

检验方法：观察，轻敲外窗框（附框）检查；核查隐蔽工程验收记录。

检查数量：全数检查。

8.3.4 外窗排水孔应通畅，其尺寸、位置和数量应满足设计要求。

检验方法：观察，使用钢卷尺、游标卡尺测量。

检查数量：全数检查。

8.3.5 窗框拼接阴角处、螺丝孔、工艺孔必须打注密封胶。窗框扇45°组角部位应打注端面防渗胶，胶缝应饱满、密实。

检验方法：观察，必要时进行淋水试验。

检查数量：按检验批最小抽样数量。

附录A　外窗防坠落检测方法

A.1　开启扇动态风压作用下防坠落性能检测方法

A.1.1　本方法主要模拟外平开窗在开启限位状态下，受风后的窗扇连接安全性。

A.1.2　将外平开窗开启至最大开启位置。

A.1.3　使用螺旋桨或其他同类设备对开启扇施加动态风压，动态风压作用范围应至少能覆盖整个开启扇的面积。

A.1.4　对开启扇施加动态风压，共3次，顺序及方向如下(图A.1.4)：

1　平行于窗框所在平面，由转轴向开启缝方向。

2　垂直于窗框所在平面，由外向内。

3　平行于窗框所在平面，由开启缝向转轴方向。

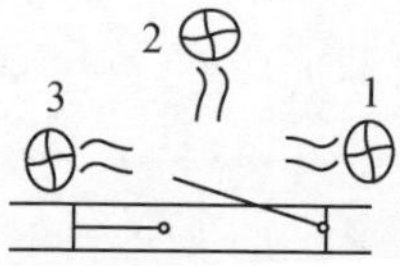

图A.1.4　动态风压加载顺序示意图

A.1.5　动风压风速不低于33 m/s，每个测试方向持续时间不少于3 min。

A.1.6　记录试验过程中发生的损坏(指玻璃破裂、五金配件损坏、窗扇掉落以及可以观察到的不可恢复的变形等现象)和功能障碍(指外窗的启闭功能发生障碍、胶条脱离等现象)的部位。

A.1.7　试验结果要求：

外平开窗的窗扇不应在任何一次试验后发生损坏和功能障碍。

A.2 开启扇防坠落装置检测方法

A.2.1 本方法主要模拟外平开窗在承重五金配件连接失效情况下，窗扇的防坠落能力。

A.2.2 开启扇应按其使用状态进行安装固定；打开、关闭开启扇5次。

A.2.3 将框扇之间的承重五金配件及限位装置拆除。

A.2.4 将开启扇提升至最高位置，松开开启扇，使其在自然状态下坠落；重复该步骤3次；记录试验过程中发生的损坏（如玻璃破裂、防坠装置损坏、窗扇掉落等现象）。

A.2.5 将开启扇玻璃去掉，换装配重。配重应为原玻璃重量的2倍。重复A.2.4步骤。

A.2.6 试验结果应满足下列要求：

1 防坠装置不应损坏，防坠装置与窗扇、窗框之间的连接不应发生松动或脱落，窗扇玻璃不应发生碎落。

2 若开启扇下方有玻璃，则窗扇坠落后不应将下方玻璃击碎。

本标准用词说明

1 为便于在执行本标准条文时区别对待，对要求严格程度不同的用词说明如下：

1）表示很严格，非这样做不可的用词：
正面词采用“必须”；
反面词采用“严禁”。

2）表示严格，在正常情况下均应这样做的用词：
正面词采用“应”；
反面词采用“不应”或“不得”。

3）表示允许稍有选择，在条件许可时首先应这样做的用词：
正面词采用“宜”；
反面词采用“不宜”。

4）表示有选择，在一定条件下可以这样做的用词，采用“可”。

2 条文中指明应按其他有关标准执行的写法为“应符合……的规定”或“应按……执行”。

引用标准名录

1 《色漆和清漆　涂层老化的评级方法》GB/T 1766

2 《建筑玻璃　可见光透射比、太阳光直接透射比、太阳能总透射比、紫外线透射比及有关窗玻璃参数的测定》GB/T 2680

3 《紧固件机械性能》GB/T 3098

4 《紧固件　螺栓和螺钉通孔》GB 5277

5 《铝合金建筑型材　第1部分:基材》GB/T 5237.1

6 《铝合金建筑型材　第6部分:隔热型材》GB/T 5237.6

7 《建筑门窗洞口尺寸系列》GB/T 5824

8 《色漆和清漆　铅笔法测定漆膜硬度》GB/T 6739

9 《建筑外门窗气密、水密、抗风压性能检测方法》GB/T 7106

10 《铝及铝合金阳极氧化膜与有机聚合物膜　第3部分:有机聚合物涂膜》GB/T 8013.3

11 《铝合金门窗》GB/T 8478

12 《建筑外门窗保温性能分级及检测方法》GB/T 8484

13 《建筑门窗空气声隔声性能分级及检测方法》GB/T 8485

14 《门、窗用未增塑聚氯乙烯(PVC-U)型材》GB/T 8814

15 《建筑门窗力学性能检测方法》GB/T 9158

16 《中空玻璃》GB/T 11944

17 《硅酮和改性硅酮建筑密封胶》GB/T 14683

18 《建筑用硅酮结构密封胶》GB 16776

19 《声学　建筑和建筑构件隔声测量　第5部分:外墙构件和外墙空气声隔声的现场测量》GB/T 19889.5

20 《钢门窗》GB/T 20909

21 《非结构用指接材》GB/T 21140

22 《铝合金建筑型材用隔热材料　第1部分:聚酰胺型材》GB/T 23615.1

23 《铝合金建筑型材用隔热材料　第2部分:聚氨酯隔热胶》GB/T 23615.2

24 《建筑门窗、幕墙用密封胶条》GB/T 24498

25 《木门窗》GB/T 29498

26 《建筑用节能门窗　第1部分:铝木复合门窗》GB/T 29734.1

27 《建筑用节能门窗　第2部分:铝塑复合门窗》GB/T 29734.2

28 《门窗反复启闭耐久性试验方法》GB/T 29739

29 《中空玻璃用弹性密封胶》GB/T 29755

30 《建筑门窗洞口尺寸协调要求》GB/T 30591

31 《建筑幕墙、门窗通用技术条件》GB/T 31433

32 《建筑门窗附框技术要求》GB/T 39866

33 《建筑结构荷载规范》GB 50009

34 《工程结构通用规范》GB 55001

35 《民用建筑隔声设计规范》GB 50118

36 《建筑装饰装修工程质量验收标准》GB 50210

37 《建筑工程施工质量验收统一标准》GB 50300

38 《建筑节能工程施工质量验收标准》GB 50411

39 《建筑与市政工程抗震通用规范》GB 55002

40 《建筑节能与可再生能源利用通用规范》GB 55015

41 《建筑与市政工程防水通用规范》GB 55030

42 《建筑与市政工程施工质量控制通用规范》GB 55032

43 《建筑防火通用规范》GB 55037

44 《建筑施工高处作业安全技术规范》JGJ 80

45 《建筑玻璃应用技术规程》JGJ 113

46 《聚氯乙烯(PVC)门窗增强型钢》JG/T 131
47 《建筑门窗玻璃幕墙热工计算规程》JGJ/T 151
48 《建筑铝合金型材用聚酰胺隔热条》JG/T 174
49 《塑料门窗及型材功能结构尺寸》JG/T 176
50 《建筑门窗工程检测技术规程》JGJ/T 205
51 《内置遮阳中空玻璃制品》JG/T 255—2020
52 《建筑门窗用铝塑共挤型材》JG/T 437
53 《聚硫建筑密封膏》JC/T 483
54 《建筑窗用弹性密封剂》JC/T 485
55 《铝塑共挤门窗》JG/T 543
56 《玻纤增强聚氨酯节能门窗》JG/T 571
57 《建筑门窗密封毛条》JC/T 635
58 《中空玻璃用丁基热熔密封胶》JC/T 914
59 《单组分聚氨酯泡沫填缝剂》JC/T 936
60 《非结构用集成材》LY/T 1787
61 《中空玻璃用干燥剂》JC/T 2072
62 《透汽防水垫层》JC/T 2291
63 《建筑门窗用组角结构密封胶》JC/T 2560
64 《建筑节能工程施工质量验收规程》DGJ 08—113

标准上一版编制单位及人员信息

DG/TJ 08—2242—2017

主 编 单 位：上海市建筑科学研究院(集团)有限公司
上海市建筑五金门窗行业协会
上海奥为建筑节能科技有限公司

参 编 单 位：上海市建设工程安全质量监督总站
华东建筑设计研究总院
上海建科检验有限公司
广东坚朗五金制品股份有限公司
泰诺风保泰(苏州)隔热材料有限公司
上海平安门窗有限公司
上海国仕门窗幕墙有限公司
上海恩瑞建材有限公司
上海锦澄实业有限公司
正兴建设集团股份有限公司
上海三叶塑钢营造有限公司
上海旭博建筑装饰工程有限公司

主要起草人：徐　勤　钱经纬　杨　颖　王　骅　李旭辉
王　皓　陆家明　张忠军　陈　峻　周　东
龚文福　饶红梅　梁珍贵　杜万明　滕　坚
张　磊　徐劲松　王　伶　吴慈平　马东林

上海市工程建设规范

民用建筑外窗应用技术标准

DG/TJ 08—2242—2023

J 13946—2024

条 文 说 明

2024 上海

目　次

Contents

1 总 则

1.0.2 本次修订将阳台门纳入本标准的适用范围内。本标准不适用于防火窗、防爆窗、放射线屏蔽窗等特种窗。

2 术 语

2.0.1 为确保外窗的质量，民用建筑应采用成品窗，本条所规定的成品窗是由工厂生产组装的外窗产品，是区别于个体作坊或施工现场通过采购门窗型材和玻璃自行拼装而成的外窗。

2.0.4 落地窗指代通常意义上的“窗墙”概念，对工程中类幕墙的外窗进行明确定义。

2.0.7 拼樘料指连接两个单体窗窗框的材料，要求拼樘料上、下两端与建筑主体结构有效牢固连接。

3 基本规定

3.0.1,3.0.2 通过对门窗企业的充分调研,确定对于面积不超过 3 m^2 的建筑外窗有充分的技术基础及能力实现在工厂内完成组装,然后在工程现场直接进行整窗安装。

3.0.3,3.0.4 建筑外门窗是降低建筑运营能耗的重要部位之一。为提高外门窗节能性能,本标准中将外窗的基本传热系数限定在不大于 1.6 $W/(m^2 \cdot K)$,阳台门的基本传热系数限定在不大于 1.8 $W/(m^2 \cdot K)$,但还应满足建筑节能设计提出的外窗传热系数要求。通过对门窗的检测及调研,为从构造上解决门窗传热系数提高的问题,对不同型材的窗框提出了最低构造要求。当采用新型门窗型材或新隔热材料时,应对该材料进行专项验证。

3.0.5 七层以上民用建筑不应采用外平开窗,当采用外平开窗时,应采取有效的措施防止整窗、窗扇、玻璃、人员脱落或坠落,并通过技术论证。超高层建筑严禁使用外平开窗。主要措施应包括但不限于下列规定:

1 在开启扇上至少采取两种独立的防脱落连接。

2 严格执行对于玻璃入槽深度的规定。

3 有防止压条脱落的设计。

4 对五金配件的强度尤其是撑挡的抗剪强度进行充分的验算。

外开上悬窗、内平开窗、内平开下悬窗开启扇的重量、规格超过表 3.0.5 的规定时,应提供试验报告并通过技术验证。

3.0.7 本条要求应采用附框是为了规范门窗的安装方式,确保门窗安装质量。

4 材料及性能

4.1 型 材

4.1.1 根据最新的铝合金型材相关国家标准的要求，对铝合金及含铝合金型材的壁厚、涂层及工艺进行修订。

4.1.2 根据最新的塑料型材相关国家标准及行业发展趋势，对塑料型材的性能进行修订。

4.1.3 根据最新的木型材相关国家标准及行业发展趋势，对木型材的性能进行修订。

4.1.5 本次标准修订以门窗性能为衡量指标，对聚氨酯型材的性能提出相应的要求。

聚氨酯型材纵向强度优势明显，侧向强度相对较差。聚氨酯型材在组角时主要通过角码连接，易受到侧向剪力，存在角部开裂的情况，通过提高型材可视面壁厚可以减少角部开裂的发生。考虑安全余量，在现行行业标准《玻纤增强聚氨酯节能门窗》JG/T 571 附录 A 表 A.2 中可视面壁厚 2.5 mm 的基础上提高至 2.7 mm。

聚氨酯型材悬挑部位受力较大，考虑工程现场复杂的施工环境，以及门窗用户可能存在大力关闭的可能性，通过提高该部位壁厚来提升型材抗开裂能力。

4.1.6 根据最新的钢材相关国家标准及行业发展趋势，对钢型材的性能进行修订。

4.2 玻 璃

4.2.2 外窗应采用中空玻璃及其制品，真空玻璃也可以使用。

目前真空玻璃通常配合中空玻璃复合使用。

4.2.5 氯化钙、氧化钙类干燥剂，其水合物对中空玻璃各组件有强烈腐蚀作用；4A 分子筛的呼吸作用可使中空玻璃膨胀或收缩而脱落或扭曲破碎，给中空玻璃的质量和安全带来巨大隐患。氯化钙、氧化钙类干燥剂的定义为任何含有氯化钙和氧化钙的干燥剂。

4.2.6 真空玻璃目前在应用上已经初步成熟，通过与中空玻璃进行复合使用，可具有良好的空气声隔声性能与保温性能。

4.3 五金配件及紧固件

4.3.3,4.3.4 在国家标准中对五金配件的性能已有相关要求。五金配件除应满足国家标准的要求外，还应对紧固件、钢丝绳的材质牌号进行限制要求。

4.4 密封材料

4.4.4 防水透气膜通常应用在对节能性能要求较高的外窗，防水透气膜主要分为防水透汽膜和防水隔汽膜。防水透汽膜施工后，外侧通常直接进行外装饰层的施工，其与保温砂浆的相容性检测是为了防止外装饰层的开裂脱落，避免安全隐患。

4.5 其他材料

4.5.1 上海属于夏热冬冷地区，根据现行国家标准《建筑门窗附框技术要求》GB/T 39866 附录 B 的规定，上海地区推荐使用节能型附框型材。新的附框材料有很多，通过对其进行握螺钉力测试，可以判断附框材料是否满足门窗的安全需求。握螺钉力测试可以参考国家标准《人造板及饰面人造板理化性能实验方法》

GB/T 17657 中的握钉力测试，其中聚氨酯型材底孔建议直径为 3.0 mm～3.2 mm。

4.5.6 根据现行国家标准《铝合金建筑型材　第 4 部分：喷粉型材》GB/T 5237.4 的要求，加速耐候性Ⅱ级的膜层应按现行国家标准《色漆和清漆　人工气候老化和人工辐射曝露滤过的氙弧辐射》GB/T 1865 中方法 1 之循环 A 的规定执行氙灯加速 1 000 h 试验。考虑 1 000 h 的试验成本较高、周期较长，因此推荐采用现行国家标准《塑料　实验室光源暴露试验方法　第 3 部分：荧光紫外灯》GB/T 16422.3 中 2 型（UVB-313）荧光紫外灯进行 300 h 的加速老化试验。

4.6 性能要求

4.6.1 根据上海的地理条件，一般多层建筑外门窗抗风压性能不低于 3 级，高层建筑外门窗抗风压性能不低于 4 级。根据上海市建筑节能的要求，对外门窗的气密性提出要求，阳台门气密性要求为 6 级，外窗气密性要求为 7 级。综合考虑上海地区经济情况，上海外窗传热系数不大于 1.6 W/(m^2 · K)，阳台门传热系数不大于 1.8 W/(m^2 · K)。其中对飘窗的节能性能要求更高，因此在普通外窗的传热系数限值的基础上降低 10%。具体计算方法如下：

$$飘窗传热系数=正常门窗传热系数\times 0.9$$

4.6.2 根据国家标准的要求，对反复启闭耐久性能以及启闭力进行修订。

5 设 计

5.1 一般规定

5.1.2 外窗的开启方式、立面分格及性能指标应符合建筑设计文件的要求，应根据建筑设计文件提供的门窗表选取具有代表性的典型外窗进行保温性能计算。对于超大规格的外窗如本标准中大于 9 m^2 的落地组合窗，应进行力学性能分析计算。

5.1.3 本条是同时对建筑设计文件和门窗深化设计的规定。建筑设计文件应在施工图设计说明和门窗表的设计说明中反映本条要求，门窗深化的专项设计应复核深化设计后的门窗是否符合建筑设计文件的要求。

5.1.4 本条是对大面积玻璃及落地窗的使用进行限制。单块玻璃面积应考虑运输及安装可行性，尤其是运维中玻璃破损更换需要利用建筑内的电梯进行搬运。对超过 9 m^2 的落地窗，应对其拼樘料的强度、刚度进行结构受力计算，并应按照玻璃幕墙结构性安全评估的要求进行专项论证。

5.2 外窗结构设计

5.2.3 为了不影响门窗正常使用及各项物理性能，结构设计时应对受力杆件的变形进行控制。

5.2.5，5.2.6 增加了五金配件、连接件、螺栓等需要承载力计算的内容。

5.3 外窗产品构造设计

5.3.2 外窗采用玻璃从室内侧安装的构造，目的是便于玻璃的更换。

5.3.4～5.3.6 附框与结构之间、附框与窗框之间应采取合理有效的保温及防水措施，不局限于某种防水材料或施工方法，以最后的防水效果为指标。附框应采用多腔体的构造，具有良好的保温性能。对于除金属附框以外的附框，为提高安全性能，提高握螺钉力，需要加入金属衬材。握螺钉处衬材壁厚可以通过局部增加垫片的方式进行加强。

5.3.7 内置遮阳百叶应符合现行行业标准《内置遮阳中空玻璃制品》JG/T 255 的规定。对于传热系数小于等于 2.5 W/(m^2·K)的内置遮阳中空玻璃制品，其暖边间隔框应采用非金属材质，等效导热系数不应大于 0.12 W/(m·K)。非金属隔热暖边间隔框的热收缩率和弯曲承重值是判断内置遮阳中空玻璃制品的重要参数，能够直接影响内置遮阳中空玻璃的质量和使用寿命，建议对非金属隔热暖边间隔框的热收缩率和弯曲承重值进行检测。

5.3.8 防非正常开启要求可参考现行国家标准《建筑外门窗及百叶防非正常开启性能检测方法》GB/T 41504 中的术语“防非正常开启性能”的相关内容。其中，非正常开启指以施加静态荷载、冲击荷载、使用特定工具破拆的方式开启门窗的情况。

5.3.16 金属材料中铝合金的金属电位相对较低，作为衬材可能会与不锈钢钉发生电偶腐蚀，导致连接失效。聚氨酯型材先开孔的加工方式导致型材腔体封闭性不足，钢衬材存在腐蚀隐患，综合考虑后将衬材厚度定位 3 mm。

C 槽和 U 槽都是欧标系统的标准槽口，C 槽目前主要用在铝合金型材上，槽口内穿传动杆，传动锁闭强度好，五金安装不破坏型材，采用夹块形式和顶丝固定，门窗节能性能好。U 槽目前主要用在木窗和塑钢窗，五金安装采用螺钉安装固定，五金放于槽口上，与槽口紧密配合，传动杆往往由定杆和动杆组合来传动，定杆固定在槽口上，动杆在槽中传动。

目前在聚氨酯型材行业内，五金配件安装方式主要采用 U 槽连接方式（通过螺钉与衬板进行固定）。若使用 C 槽连接方式，应进行相关的论证试验。

5.3.18 门窗配件一体化设计生产能够提高门窗配件质量，延长门窗配件寿命。

6 施工与安装

6.1 一般规定

6.1.1 外窗进行安装前，应复核洞口尺寸。对于不符合要求的洞口，应进行修整，待满足要求后方可进行外窗的安装。

6.1.2 随着外门窗技术的快速发展，新的节能要求不断提高，原有外窗会有一个被不断更新、替换掉的过程，现在新建的外门窗也可能会在建筑物的有效使用年限内被替换若干次。为了方便外门窗的更换，采用附框工艺可以避免在拆门窗时对墙体造成破坏及损伤。在对上海地区门窗企业的充分调研后，已有充足的技术能力满足小于 3 m^2 的成品窗的安装要求。

6.1.3 拼樘料截面主要受力部位基材螺钉连接部位的壁厚应根据计算决定。

6.2 安装和控制要求

6.2.3 成品窗整窗安装时，玻璃已经装配好，因此需要采用卡槽的连接方式。此外，卡槽连接有利于门窗的拆卸及更换。

6.2.5，6.2.6 外窗安装时应采取有效的保温及防水措施，确保附框以内的区域无漏水隐患。

6.2.9 淋水试验同一施工区域内抽查数量宜不少于外窗总樘数的 10%，且不少于 3 樘。可由施工单位自行组织试验并完成现场淋水试验记录。

7 检　测

7.4 其他检测

其他检测是指在有需要或存在争议时，可参照进行的检测项目。

8 验　收

8.1 一般规定

8.1.2 本条增加了外窗工程验收应检查的文件和记录，进一步规范了对门窗工程验收资料方面的要求，增加了外窗工程现场水密性能检测报告的要求。

8.1.3 建筑外窗隐蔽验收应在隐蔽工程隐蔽前进行，明确隐蔽工程验收资料的要求与内容。

8.2 主控项目

8.2.2 门窗工程复验的检验数量应按照同一厂家的同一品种、同一类型、同一系列产品进行现场抽查。其中，同一品种指的是门窗型材制作材料（如铝合金、塑钢、聚氨酯等），同一类型指的是开启方式（外平开、内平开、推拉等）。

同一施工区域要求同时满足同一工程项目、同一施工单位以及同期施工三个条件。